西尔环境教育 / 编

# 绿色生活问与答

中国环境出版集团 · 北京

图书在版编目（CIP）数据

绿色生活问与答/西尔环境教育编. —北京：中国环境出版集团，2021.5

ISBN 978-7-5111-4699-1

Ⅰ. ①绿… Ⅱ. ①西… Ⅲ. ①生活方式—关系—环境保护—问题解答 Ⅳ. X-44

中国版本图书馆 CIP 数据核字（2021）第 062598 号

出 版 人 武德凯
责任编辑 曹 玮
责任校对 任 丽
封面设计 宋 瑞

出版发行 中国环境出版集团
（100062 北京东城区广渠门内大街 16 号）
网 址：http://www.cesp.com.cn
电子邮箱：bjgl@cesp.com.cn
联系电话：010-67112765（编辑管理部）
010-67113412（第二分社）
发行热线：010-67125803，010-67113405（传真）

印 刷 北京中科印刷有限公司
经 销 各地新华书店
版 次 2021 年 5 月第 1 版
印 次 2021 年 5 月第 1 次印刷
开 本 787×1092 1/32
印 张 1
字 数 20 千字
定 价 6.00 元

# 前　言

气候变化是人类面临的全球性问题，各国二氧化碳的排放增加，对生命系统构成了威胁。习近平总书记在 2021 年 3 月 15 日召开的中央财经委员会第九次会议上强调，实现碳达峰、碳中和是一场广泛而深刻的经济社会系统性变革，要把碳达峰、碳中和纳入生态文明建设整体布局，拿出抓铁有痕的劲头，如期实现 2030 年前碳达峰、2060 年前碳中和的目标。实现碳达峰、碳中和不仅需要国家攻坚克难的决心，也需要每个人脚踏实地的行动。会议也提出，要倡导绿色低碳生活，反对奢侈浪费，鼓励绿色出行，营造绿色低碳生活新时尚。我们可以从点点滴滴的小事做起，在衣、食、住、行等方面，践行简约适度的生活方式，让绿色低碳生活成为新时尚。

道阻且长，行则将至。为引导公众崇尚绿色低碳的生活方式，在六五环境日到来之际，西尔环境教育特编写《绿色生活问与答》，通过绿色节能、绿色出行、绿色旅居和绿色消费等方面的实践，开启全民绿色生活方式，为碳达峰、碳中和贡献自己的一份力量。

为了绿水、青山、蓝天常在，让我们行动起来吧！

本书编写人员为西尔环境教育的袁铁、吴霜、杨化狄等。其中绿色节能篇、绿色出行篇由袁铁编写，绿色旅居篇由吴霜编写，绿色消费篇由杨化狄编写。全书由袁铁统稿。

由于编者水平有限，疏漏之处在所难免，敬请广大读者批评指正，欢迎将宝贵意见和建议发送至邮箱：cei2019@163.com。

编者

2021 年 4 月

# 目　录

## 绿色节能篇


1　如何选择节能冰箱？……1
2　电视机长时间处于待机状态好吗？……2
3　用微波炉做饭节能吗？……2
4　太阳能热水器节能吗？……3
5　如何选择节能灯？……3
6　如何巧用空调实现节电？……4
7　饮水机不用时断电，节能效果明显吗？……4
8　什么机型的洗衣机更节能？……5
9　电视屏幕调暗一点儿，有哪些好处？……5
10　如何使用电脑更节电？……6
11　智慧家电节能吗？……6


## 绿色出行篇


12　什么是绿色出行？……7
13　为何提倡乘坐公交车出行？……7
14　如何驾驶汽油车更省油？……8
15　小排量汽车节能效果明显吗？……9
16　飞机和火车哪个更节能？……9
17　电动车和汽油车能耗有何差异？……9
18　如何让摩托车有效省油？……10
19　纯电动车的节能驾驶方法及技巧有哪些？……11
20　使用 ETC 对节能减排有多少贡献？……12

## 绿色旅居篇


21 为什么要少用洗洁精？......13
22 如何选择洗衣粉？......13
23 为什么少吃肉就是低碳？......13
24 如何使用电饭锅更节电？......14
25 如何选择节能门窗？......15
26 为何提倡减少酒店床单的换洗次数？......15
27 如何使用马桶更节水？......15
28 少用电梯，节能效果明显吗？......16
29 节能环保窗帘效果如何？......16
30 如何使用水地暖更节能？......16
31 如何选择节能燃气灶？......18
32 如何选择绿色家具？......19
33 如何策划一场植树亲子活动？......19
34 如何进行垃圾分类？......20


## 绿色消费篇


35 经常喝瓶装水环保吗？......21
36 吃野味的危害有哪些？......21
37 一次性塑料袋都安全吗？......22
38 为什么要提倡自带餐具、减少一次性木筷的使用？......23
39 少买不必要的衣服，与节能减排有什么关系？......23
40 为什么要提倡光盘行动？......23
41 如何吃自助餐可以减少浪费？......24
42 简单又实用的生活废旧物利用小妙招有哪些？......25
43 如何做到低碳消费？......26

# 绿色节能篇

## 1 如何选择节能冰箱？

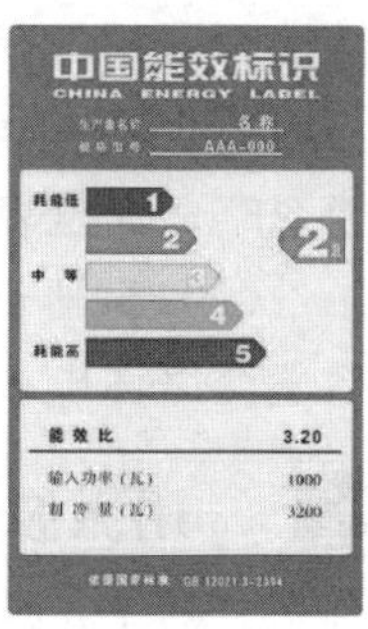


（1）我们挑选耗电低的冰箱时，首先要看它的能效等级，目前全球已有100多个国家实施了能效标识制度。能效标识为蓝白背景的彩色标识，分为5个等级，等级1表示产品达到国际先进水平，最节电，即耗能最低；等级2表示比较节电；等级3表示产品的能源效率为我国市场的平均水平；等级4表示产品能源效率低于市场平均水平；等级5是市场准入指标，低于该等级要求的产品不允许生产和销售。因此我们选择节能冰箱时，尽量选择能效等级为1、2的冰箱。

（2）用手轻轻地敲冰箱外壳，如果听到了“啪啪”的声音，那么说明冰箱的隔热材料灌注不实；还可以看冰箱的表面有没有大面积凹瘪现象，如果有，则说明隔热材料质量不佳，会导致冰箱工作时消耗更多的电量。

（3）挑选节能冰箱时，可以打开冰箱门，看它的密封条是否平直紧密，有没有出现裂口的现象；关冰箱门时，冰箱门离箱体不少于7毫米时，是否能够自动吸合关闭。若冰箱的密封效果不好，会导致耗电量增加。

（4）购买冰箱时，可以根据家中人数选择冰箱的容量，如四口之家可以选择 150～220 升容量的冰箱。冰箱容量过大，消耗的电量也比较大。

## 2 电视机长时间处于待机状态好吗？

（1）电视机待机时，遥控接收部分还在工作，随时等待接收开机的指令，相应的电源也要对这部分电路供电。一般待机功率只有几瓦，不用考虑电磁辐射，但电耗也不能忽略，而且夏季还有被雷击的风险。

（2）机器长时间工作，自然会缩短寿命，电压突然升高还会烧坏电视，造成直接经济损失。

## 3 用微波炉做饭节能吗？

一般人们听到微波炉的功率在 1 000 瓦左右时，会认为微波炉一定很费电。其实，这是对微波炉的一种误解。微波炉除了能节约时间、提供方便外，它还是一种节能产品。

微波炉中的微波只对含有水分和油脂的食品加热，不会加热空气和容器本身，而且几乎是内外同时进行，与传统的加热方法相比，热量损失少，烹饪速度快。从不同加热方式的热导率来看，煤气是 55%，煤炉是 30%，电炉是 60%，而微波炉高达 95%，可见微波炉在能源的有效利用率上是很高的。

以 750 瓦的微波炉为例，用它来做微波菜谱中有代表性的三菜一汤（凉拌双丝、山药炒黑木耳、煎酿苦瓜、冬瓜排骨汤），经测试，耗电量仅为 0.35 度[①]。在等值能耗条件下，

---

① 1 度=1 千瓦时。

对同等重量的加热食品进行对比试验，其结果表明，微波炉的节能效果相当明显，比电炉节能65%，比煤气节能40%。

如此看来，只要使用得当，用微波炉做饭是比较节能的。

## 4 太阳能热水器节能吗?

家庭中使用的热水器各种各样，有些家庭使用的是燃煤气热水器，有些是电热水器，有些则是太阳能热水器。三者相比，太阳能热水器最省电，而且环保。虽然在初装时费用相对较高，但从长远来看还是非常划算的。太阳能热水器一般都配有电加热，阳光充足时是太阳光加热，阳光不充足或阴天雨天时，须设置温度低于多少摄氏度才启动电加热，因此可以节省能源。在使用时要注意，阳光不足时不要把水装满，装半箱水就可以，这样再用电加热会更省电。

## 5 如何选择节能灯?

很多消费者认为节能灯就是一件小物品不必太过注重，但是如果挑选不当，节能灯的使用寿命、光线等都会存在偏差。教给大家两个挑选节能灯品牌的方法：一是参考国家政府采购合格供应商名录，选择名录中的品牌；二是关注“CQC”（安全认证）和“节”（节能认证）两种认证标志，选择有认证标志的品牌。

节能灯的需求量大，如果不能达到节能的效果，那么如何挑选节能灯呢？好的节能灯外表光洁，灯管内荧光粉均匀，为白色。灯头与灯管应呈垂直状态，不应有倾斜。

灯头与电源的接触面应平整。灯上标注的信息应清晰易辨认、附着牢固，字迹、图案不应模糊、重叠。

另一个实用的检验方法是安装通电检查，先开灯 5 秒，再关灯 55 秒。观察灯丝发黑发黄的变化，一般无黑黄的节能灯较好。另外，好的节能灯在通电瞬间灯管发暗光，几秒后会突然变亮。合格的节能灯在实验状态下可使用 5 000 小时以上，在家庭正常使用时也是能达到 2 000 小时以上的。

## 6 如何巧用空调实现节电?

夏季不要将空调温度调得过低，宜设置在 25～27 摄氏度，既凉爽又不费电。空调温度每调高 1 摄氏度就可以节约大约 10%的电能。在调高空调温度的同时，结合电风扇使用，能达到更好的制冷和节能效果。睡觉时，关闭空调，利用余温既省电，又可以避免整夜吹空调造成的“空调病”。准备新购空调的家庭建议选变频空调，它能在短时间内达到设定温度，而压缩机又不会频繁开启，从而达到节能、降温的目的。空调过滤网应经常清洗，否则网罩堵塞也会影响制冷效果。不能频繁启动压缩机，停机后需要隔 2～3 分钟才能开机，否则既费电，又易导致压缩机因超载而烧毁。

## 7 饮水机不用时断电，节能效果明显吗?

饮水机属于耗电量大的家电之一，部分饮水机的耗电量甚至比冰箱还大。据了解，一台功率为 600 瓦的冷热两用饮水机，将一桶水加热完毕后，若保持“保温—加热—保温”这种循环的工作状态 24 小时，将耗电 1.5～1.7 度。这样算下来，仅一台饮水机一年产生的碳排放就将近 460 千克。经过合理规划，饮水机可以在早晨 7：00—7：30、晚上 19：00—21：30 打开。如果是周末，就在每次想要泡茶喝水之前打开，用完马上关掉。这样算下来，每天只打开饮水机 3 个小时左右，相比 24 小时不断电，可以节电 80%以上。

## 8 什么机型的洗衣机更节能？

目前市场上销售的洗衣机主要有 3 种：波轮式、滚筒式、搅拌式。它们原理不同，耗水量、耗电量、磨损率各有优劣，消费者可根据自身需求选择。在洗净度和磨损率方面，波轮式、滚筒式和搅拌式洗衣机洗净度差不多，其中搅拌式的洗净均匀性好，而滚筒式的磨损率小。在耗电量和耗水量方面，滚筒式洗衣机的耗电量最大，洗涤时间较长，价格较高，但耗水量却是最小的；搅拌式与波轮式洗衣机的耗电量相近，但两者的耗水量却远远大于滚筒式洗衣机。在清洗程序的选择方面，目前许多类型的洗衣机将水位段细化，洗涤启动水位也降低了 1/2，洗涤功能可设定“一清”“二清”或“三清”模式，消费者完全可根据不同的需要选择不同的洗涤水位和清洗次数，从而达到节水的目的。

## 9 电视屏幕调暗一点儿，有哪些好处？

看电视时可将电视屏幕调暗一点儿，这样既节能又护眼。电视屏幕太亮，不但会缩短电视机的寿命，而且费电。

若调成中等亮度，则既省电又能保护视力，对眼睛正在发育的孩子尤其有好处。如果将中国 3 亿台电视调暗亮度，每年就可以省电 50 亿度。

## 10　如何使用电脑更节电?

暂停使用电脑时，如果预计暂停时间小于 1 小时，建议将电脑设置为待机，如果暂停时间大于 1 小时，最好彻底关机。平时用完电脑后应彻底关机，拔下电源插头或关闭电源接线板开关；不用的外连打印机、音箱等要及时关闭；光驱、网卡、声卡等暂时不用的设备可以先屏蔽掉；使用中央处理器（CPU）降温软件；在编辑文字时，将背景调暗些，节能的同时还可以保护视力、降低眼睛的疲劳度；当电脑在播放音乐等单一音频文件时，可以彻底关闭显示器。

## 11　智慧家电节能吗?

智能恒温器是智慧家电在技术和节能方面典型的例子，这种设备与手机或平板电脑高度集成，可实现远距离监控和设置家中的温度。智能恒温器还可以定期发送能耗报告，甚至可以创建图表供查看历史数据，据报道，所有这些功能可以节省约 15%的电费。

## 12 什么是绿色出行?

绿色出行是采用对环境影响最小的出行方式，即节约能源、提高能效、减少污染、有益健康、兼顾效率的出行方式。通过乘坐公共汽车、地铁等公共交通工具，拼车，环保驾车，步行、骑行等方式，努力降低出行中的能耗和污染，这就是绿色出行。研究表明，虽然汽车尾气会造成污染，影响人体健康，但不同种类和不同燃料的汽车，排放的污染物差别很大，普通柴油车颗粒物的排放因子远高于汽油车，使用液化石油气和天然气的公交车的总污染物排放会大大降低。

## 13 为何提倡乘坐公交车出行?

公交车每百公里的人均能耗是小汽车的 8.4%，电车大约是小汽车的 3.4%，地铁大约是小汽车的 5%。在二氧化碳排放方面，小汽车每消耗 1 升汽油排放二氧化碳 2.34 千克，飞机每公里二氧化碳排放量为 0.18 千克，而公交车/

长途大巴每公里二氧化碳排放量为 0.062 千克。一辆公交车相当于 20 辆小汽车的运输量，而一辆公交车对道路资源的占用仅相当于两辆小汽车，公交车出行对道路资源利用率的优势显而易见。

## 14 如何驾驶汽油车更省油?

（1）平稳起步和停车：起步和停车时踏板要轻踏轻放。行车中猛刹车、猛起步都是省油的大忌。猛踩油门，见空就抢，油耗都会大大增加，而且事实上也快不了多少。节油试验显示，油门踩到底比中速行驶费油 2～3 倍。

（2）适度热车：在车辆发动后的 1 分钟内上路，并最好让车子维持在 2～3 挡的速度平缓行驶 3～5 公里，以此达到适度热车的目的。但热车时间过长无疑是浪费油，而以冷车行驶除了费油外，还会导致维修费用增加。

（3）高挡低速行驶（手动挡车辆）：车辆行驶时尽可能挂入高挡，同时保持低速行驶。发动机以不必要的高速运转无疑是浪费油。节油试验表明，高挡低速比较省油。小汽车在每小时 50 公里匀速行驶的情况下，以二挡行驶，每升油可行驶 13 公里；以三挡行驶，每升油可行驶 18 公里；以四挡行驶，每升油可行驶 22 公里。

（4）按经济时速驾车：按照车辆设计的经济速度驾驶，是节油的又一方法，低于或高于这个速度都会增加油耗。

（5）巧借剩余动力：看到红灯亮起或出入高速路时，减速行驶，巧借引擎剩余的动力让车辆滑行前进。如果加速至最后关头才突然刹车，不仅徒增油耗，还会加剧刹车片的磨损。节油试验显示，仅此一项即可节油 20%。

（6）避免发动机空转：在排队、堵车或等人时，尽量避免发动机处于空转状态。节油试验证明，发动机空转 3 分钟的油耗就可供汽车行驶 1 公里。因此，如果滞留时间超过 1 分钟就应该熄火。

## 15 小排量汽车节能效果明显吗？

小排量汽车耗油量基本在每百公里 6 升以下，与一般排量在 1.4 升以下的家庭经济型轿车相比，每百公里可省油 3～4 升，节能效果十分明显。小排量汽车价格便宜，一般在 8 万元以下，在家庭经济承受范围之内；同时，可降低制造的材料成本。一般来说，衡量小排量汽车先进与否有 4 个指标：升功率（即以 1 升排放量为衡量标准的发动机的最大功率）、城市工况下最低油耗、尾气排放、碰撞安全性。

## 16 飞机和火车哪个更节能？

波音 747 飞机平均时速 900 公里，功率 16 万千瓦，定员不到 300 人，人均 500 多千瓦。磁悬浮列车运行功率 3 万千瓦，定员 400 多人，人均 70 多千瓦。而高速列车平均时速 300 公里，功率 8 800 千瓦，定员 550 人，人均 16 千瓦。因此，高速列车相对更节能。

## 17 电动车和汽油车能耗有何差异？

通常，汽油车的普遍油耗是 8～12 升/百公里，电动车的普遍电耗是 15～20 度/百公里。以汽油车普遍油耗是 10

升/百公里计算，1 吨汽油折合 1.4714 吨标准煤，10 升相当于 14.714 千克标准煤；以电动车电耗高值 20 度/百公里计算，目前国内供电标准煤耗为 350 克/度，20 度相当于 7 千克标准煤。所以电动车比汽油车节能至少 50%。

## 18 如何让摩托车有效省油?

（1）经常清理空气滤芯。空气滤芯是摩托车一个比较重要的部分，只有充足的洁净空气进入气缸，才能使气缸内的燃油燃烧更加充分，以获得更低的油耗。通常摩托车骑行 5 000～10 000 公里，就应该更换一次空气滤芯，一些经常在尘土较大的地方骑行的摩托车更换周期应该更短。如果定期地清理，就能获得更好的动力和更低的油耗。由于空气滤芯都是纸质的，所以在清理时只需要清理干净灰尘即可，切记不可沾水。

（2）定期更换发动机机油。定期更换机油有利于发动机润滑，减少发动机运转时的摩擦，从而降低能量损耗。在选择机油的时候不要贪图便宜，一定要弄清楚机油来源、品牌，确保是正品。同时，由于摩托车的转速比较高，所以建议定期更换机油滤芯，也能有效地润滑发动机。

（3）确保火花塞正常使用。频繁地打火只会大大提高摩托车的油耗。应当选择质量好、经久耐用的火花塞，从而降低机车油耗。

（4）不盲目改装。每一台摩托车在出厂时都经过了设计师的最优设计，如果盲目地进行改装，尤其是为前保险杠加装挡风板这样的行为，会增加摩托车骑行时的阻力，发动机需要输出比平时更大的动力来驱动整车。另外，盲目增加机车装备会提高整车重量，也会增加油耗，这就像小马拉大车的时候，就算拉得动，吃得一定也不少。

（5）保持合适的胎压。骑行摩托车时，一定要注意检测轮胎的胎压。胎压应符合说明书中的规定，如果气压不足，就会在骑行时产生不必要的能量损耗，从而增加油耗。此外，过高或过低的胎压都会影响骑行感受。

## 19 纯电动车的节能驾驶方法及技巧有哪些？

（1）少踩刹车缓加油。应选择小油门起步，中油门加速，行车时遇到交通信号灯、路口或复杂路况时提前轻踩制动踏板，轻踩制动踏板时主要是电制动起作用，能将整车制动能量回收进入电池，从而达到大幅节能的效果，同时能够减少制动摩擦片的磨损，提高摩擦片的使用寿命。避免在交通信号灯或路口前猛踩油门，接近前车时又紧急刹车。激烈驾驶会大大增加整车能耗，而平缓驾驶能节约约 20%的能耗。

（2）快松油门用滑行。纯电动车具有汽油车无法实现的能量回收性能，加速结束后快速抬起油门，这样在不浪费能量的同时还会对能量进行回收，给电池补充电。

（3）匀速行驶，控制最高车速。变速行驶时，因重复加速、减速，电量下降明显，应尽量保持匀速行驶；当超过经济时速（约 60 公里/时）时，速度越快电量下降越快，因此一定要控制最高车速。

（4）合理使用空调。纯电动车都做了较好的整车隔热保暖措施，一般情况下，夏季空调面板设定为制冷模式（26 摄氏度），冬季空调面板设定为制热模式（18 摄氏度），风速设定为自动风，能够满足车内制冷和制热需求，空调设定温度不合理会对整车电耗和续驶里程产生较大影响。日常用车要养成“人下车，关空调”的习惯，在停车场或站点长时间空车等待时应关闭空调。

（5）避免使用电除霜取暖。为保证除霜效果，电除霜一般电功率较高，工作时会消耗较多的锂电池能量，因此冬季低温环境下装有电除霜的纯电动车辆应避免用电除霜取暖，以免影响续驶里程。

（6）轮胎胎压不能过低。轮胎气压应保持在正常范围内，胎压过低会增加整车电量消耗。

## 20 使用 ETC 对节能减排有多少贡献?

ETC 使车辆减少了因排队而频繁启动、刹车的次数，从而可实现节约油耗、减少污染物排放的效果。实验证明，车辆通过 ETC 车道比通过人工收费车道的油耗节省量平均为 0.031 4 升/次。

## 21 为什么要少用洗洁精？

日常使用的大部分洗涤用品都是以化学成分为原料的，洗洁精也不例外。调查显示，选用市场上 9 种洗洁精洗过餐具后，用自来水冲洗 12 次后，均还能检测出平均 0.03%的残留量。更不要说我们平时的清洗根本达不到这个冲洗次数，食物和餐具表面的残存物会更多，长时间使用洗洁精不仅浪费水，还会对身体健康产生不良影响。因此，洗洁精还是少用为好。

## 22 如何选择洗衣粉？

尽量不要选用高泡洗衣粉。尽量选用低泡、无泡洗衣粉，它们产生的泡沫少，消泡快，容易漂洗，省水、省时又省电。

## 23 为什么少吃肉就是低碳？

联合国粮农组织指出，肉食相关产品产制过程所产生的温室气体排放占全球总排放量的 18%。科技部发布的《全民节能减排手册》指出，每个人少浪费 0.5 千克猪肉，相应减少排放 0.7 千克二氧化碳。

有人担心吃素会营养不良。关于这个问题，《中国居民膳食指南（2016）》中明确指出，谷薯类食物每人每天应该吃 250～400 克；蔬菜应该吃 300～500 克；水果应该吃 200～350 克；鱼、禽、肉等平均每天吃 120～200 克。如果 13 亿多中国人每年平均减少肉食和水产品 60 千克，在确保健康的情况下，将减少二氧化碳排放 28.393 亿吨。

## 24 如何使用电饭锅更节电?

如今已经很少需要生火做饭了，几乎每家都有一个电饭锅，只要准备洗好的米和干净的水就可以吃到香喷喷的饭。但是，电饭锅实际上非常耗电。那么，有什么办法可以节省电饭锅的用电呢？

烹饪前，将大米浸泡 30 分钟，并在烹饪时使用热水或温水，这样可以节省约 30%的烹饪时间；煮饭时，用毛巾盖住电饭锅，以减少热量损失；电饭锅用完后，请及时拔下电源插头，否则当锅中的温度下降到 70 摄氏度以下时，将自动连续通电；及时清洁电饭锅的电热板，若油渍附着在焦炭膜上，电热板需要更长时间才能显示功效，这会影响其导热性并增加功耗；最好把大米在锅中铺平，以便更快煮熟。

## 25 如何选择节能门窗？

降低门窗散热率，达到节能保温效果，有以下几种方法：

（1）使用中空玻璃、夹胶玻璃、节能镀膜玻璃、真空玻璃等节能玻璃。

（2）使用非金属或隔热性好的门窗材料。

（3）控制窗墙比例，在保证采光的情况下门窗面积越小越好。

## 26 为何提倡减少酒店床单的换洗次数？

床单、被罩等的洗涤要消耗水、电和洗衣粉，如果少换洗一次，可省电 0.03 度、省水 13 升、省洗衣粉 22.5 克，相应减排二氧化碳 50 克。如果全国 8 880 家星级宾馆采用“绿色客房”的标准，以平均 3 天更换一次床单为例，每年可综合节约约 1.6 万吨标准煤，减排二氧化碳 4 万吨。

## 27 如何使用马桶更节水？

生活中时时刻刻离不开水。有的马桶水箱的水位线较高，很浪费水。所以我们要学会节水。

（1）马桶水箱的储水量是由浮球控制的。当浮球升高时，储水量就会增加；反之，当浮球降低时，储水量就会降低。将马桶水箱里面的浮球柄稍微往下弯一点可以使储水量降低。

（2）可以在马桶水箱中放入几块砖头，也可找两个用完的饮料瓶，装满水，盖好盖，放置在水箱里，以达到减少储水量的目的。

（3）选用节水型马桶或加装二段式冲水配件。传统的马桶一次冲水量为 8～12 升，而新一代的节水马桶每次冲水只需约 6 升，而且因其整体设计不同，不会存在因水量减少而冲不干净的问题。

## 28 少用电梯，节能效果明显吗？

目前全国电梯年耗电量约 300 亿度。通过较低楼层改走楼梯、多部电梯在休息时间只部分开启等措施，可减少约 10%的电梯用电，平均每部电梯每年相应减排二氧化碳 4.8 吨。若全国 60 万部电梯均采取此类措施，每年可节电 30 亿度，相当于减排二氧化碳 288 万吨。

## 29 节能环保窗帘效果如何？

节能环保窗帘在夏天可以阻隔外界 62%的热量，有效降低夏季室内温度。实验结果表明，在同等条件下，使用节能环保窗帘的房间较之使用普通窗帘的房间，夏季温度降低 4～6 摄氏度，而冬天可减少室内 58%的热量流失，从而达到长久保持室内温度的效果。这意味着使用节能环保窗帘后，空调的使用时间将在一定程度上缩短。同时，节能环保窗帘能有效阻隔室外 99.8%的紫外线，在保证人体健康的同时，也可防止室内物品及家具的老化。

## 30 如何使用水地暖更节能？

（1）温度不宜设置过高。水地暖在使用过程中不要一开始就将温度设定到最高，应该是需要多少摄氏度就设置多少摄氏度，温度控制在16～20摄氏度是最节能的，这个温度范围体感也是最舒适的。家里没人或者离开时间较长时可以将温度调低；如果长时间不在家，可以选择关闭水地暖系统；不常用的房间可以把温度调低。

（2）切忌用时开启，不用时关闭。在采暖期间必须保持水地暖运行整个采暖季。有很多人会在白天不在家的时候把地暖系统关闭，用的时候再开启，认为这样会更节能，其实这种认知是错误的，保持水地暖的持续运行才会更节能。水地暖升温的时间比较长，如果每次用的时候再开启，又需要预热很长一段时间，会产生不小的能耗。

（3）壁挂炉保持低温运行。在水地暖运行过程中，最好是将壁挂炉的温度设定在55～60摄氏度，这样会更节能。在选择壁挂炉时，建议选择冷凝型壁挂炉，它在低温运行时会更节能。

（4）定期给水地暖系统做清洗保养。水地暖系统的管道是专门设计的回路式结构，管道形状复杂，管路较长，而水地暖管道长期储水，温度变化会产生钙镁离子水垢，还会产生淤泥、锈垢、菌藻等附着在管道内壁。如果长期不清洁，管道内部的各种杂质会降低管道热水的流量，影响散热效果，且增加能耗。所以水地暖长时间使用后，建议定期给水地暖管道做清洗保养。现在主流的水地暖管道清洗方式是用机器进行脉冲超声波清洗，不需要药剂，所以不会对管道以及相关构件造成腐蚀，也不需要拆卸水地暖管道。建议有条件的家庭每2～3年做一次这样的清洗。

水地暖的舒适度是所有采暖效果中较好的，而在使用的过程中注意到以上几点会更节能，同时也会延长水地暖的使用寿命。

## 31 如何选择节能燃气灶？

节能燃气灶是在传统燃气灶的基础上，通过改变燃烧方式达到节能的目的。其采用单柱悬浮燃烧方式，火力均匀分布，高温全部集中于锅底，其热量几乎全部被锅底吸收，从而减少热量损失，全面提高热效率。

对于节能燃气灶来说，最大特点就是节能，相比于传统燃气灶可节省35%～48%的燃气消耗。能够做到如此节能，主要在于节能燃气灶的热效率高，能让天然气充分燃烧，以更少的燃气消耗获取更大的燃烧热量，实现节省燃气的同时，提升热效率，减少一氧化碳的排放；而高热效率和大火力让烹饪时间进一步缩短，更是增强了节能效果。

根据《家用燃气灶具能效限定值及能效等级》（GB 30720—2014）的规定，1级能效的台式、嵌入式和集成灶的热效率分别需要达到66%、63%和59%。据统计，目前市面上能够达到1级能效的燃气灶产品不足15%。

判断燃气灶是否节能，首先可以看燃气灶的能效等级，达到1级或2级能效的产品才是节能产品；其次，可以查看所要购买燃气灶的热效数值，是否能够达到59%以上，热负荷是不是在3.8～4.2千瓦；最后，看产品的做工用材和面板用材，是否是铜制炉头。

## 32 如何选择绿色家具?

（1）“一看”。“中国环境标志”（俗称“十环”）是唯一政府认可的环境优质产品证明性标识。家具生产制造企业通过发展和完善，实现产品、制造工艺、制造流程、环境评测等全面“绿色环保”，才能取得“十环”认证标志。

（2）“二闻”。在挑选家具时，要打开门闻一闻里面是否有强烈的刺激性气味。如果有刺激性气味，可立即要求销售人员对气味做出合理解释，同时查看质检合格证。

（3）“三摸”。应严格检查板材家具是否封边，未封边的家具会释放大量甲醛，不宜选购。

## 33 如何策划一场植树亲子活动?

（1）活动目标。从小爱护花木、保护环境，知道小树、花草是我们人类的朋友；能够愉快地参加活动，积极与同伴共同劳动，在活动中遵守规则，学习与他人合作，体会劳动的快乐；感受大自然、周围环境的美好，初步建立保护环境的责任感。

（2）活动准备。新生树苗、植树所需的工具、摄影设备、认养树牌等。

（3）讨论。向孩子介绍植树节的由来。引导孩子观看有关风沙的危害的视频以及雾霾天气的图片，让孩子知道环境污染给我们的生存和发展带来了哪些危害。树木能阻挡风沙，避免或减少风沙造成的灾害。

## 34 如何进行垃圾分类?

（1）可回收物。主要包括：报纸、纸箱、书本、广告单、塑料瓶、塑料玩具、油桶、酒瓶、玻璃杯、易拉罐、铁锅、衣服、包、玩偶、数码产品、家电。

投放要求：轻投轻放；保证清洁干燥、避免污染；废纸尽量整理平整；将立体包装清空内容物，清洁后压扁投放；有尖锐边角的，包裹后投放。

（2）有害垃圾。主要包括：废电池（充电电池、铅酸电池、镍镉电池、纽扣电池等）、废油漆、消毒剂、荧光灯管、含汞温度计、废药品及其包装物等。

投放要求：应保证器物完整，避免二次污染；如有残留请密闭后投放；投放时注意轻放；易破损的带包装或包裹后轻放；如易挥发，密封后投放。

（3）厨余垃圾。主要包括：菜帮菜叶、瓜果皮壳、鱼骨鱼刺、剩菜剩饭、茶叶渣、残枝落叶、调料、过期食品等。

投放要求：厨余垃圾应从产生时就与其他品类垃圾分开，投放前沥干水分；保证厨余垃圾分拣质量，做到无玻璃陶瓷、无金属、无塑料橡胶等其他杂物；有包装物的过期食品应将包装物去除后分类投放，包装物投放到对应的可回收物或者其他垃圾收集容器中。

（4）其他垃圾。主要包括：餐盒、餐巾纸、湿纸巾、卫生间用纸、塑料袋、食品包装袋、污染严重的纸、烟蒂、纸尿裤、一次性杯子、大骨头、贝壳、花盆等。

投放要求：沥干水分后投放。

## 35 经常喝瓶装水环保吗?

据英国《卫报》报道，全球每年生产的塑料瓶逾 5 000 亿个，远超回收处理能力。美国加州大学圣塔芭芭拉分校的工业生态学家罗兰·盖耶博士及其同事在《科学进展》杂志上发表了一篇论文，计算出人类迄今为止生产的所有塑料重量为 83 亿吨，其中约 63 亿吨如今已成为塑料垃圾，这些塑料垃圾有 79%被填入垃圾填埋场或置于自然环境中。统计表明，全球每年消耗 2.45 亿吨塑料，其中 1/3 完全没有被收集，直接污染了环境，特别是海洋环境。塑料污染每年导致上百万只海鸟、10 万头海洋哺乳动物以及难以计数的鱼类死亡，对海洋生物、渔业和旅游业都有严重影响，全球经济损失达 80 亿美元。研究显示，如果对现状置之不理，到 2050 年，海洋中的塑料垃圾总量可能将超过鱼类总重量。

## 36 吃野味的危害有哪些?

野生动物生存环境大多阴暗潮湿，极利于各类病菌大量繁殖，因此大多数野生动物体内都携带有大量的病菌和寄生虫，它们携带的病菌、寄生虫往往是人工饲养动物携带量的 2～3 倍甚至更多。由于野生动物的交易多是地下渠道，卫生检疫部门对此很难做到有效监管。尤其是一些病菌寄生于动物的肌肉、血液和内脏中，即便是进行高温烹煮，有时也难以将病菌消灭。这些病原体进入人体后能引起多种疾病，如狂犬病、结核病、鼠疫、炭疽、甲肝等。

有接近一半的野生青蛙体内携带有裂头蚴寄生虫，人们在吃野生青蛙时，极易将裂头蚴寄生虫一起吸收进体内。裂头蚴寄生在人体中，可能会引起多种疾病：若钻进眼睛里，可能引起失明；若进入大脑，会导致癫痫或瘫痪；若是闯入内脏如肝、心、肾，则会造成巨大的伤害。蛇身上的病毒进入人体，会引起腹痛、腹泻、持续性发热等症状。不少人吃过野生动物后，身体出现了脓疱、水肿等不适症状，有些人因为食用野生动物引起过敏，全身出现皮疹，脸部出现红斑、瘙痒、脱屑等，甚至出现哮喘、全身水肿、呼吸困难等严重过敏症状，重者可能会危及生命。

## 37 一次性塑料袋都安全吗?

一次性塑料袋在日常生活中被广泛使用，很多人认为未使用过的塑料袋看起来透明，应该比较卫生。实则不然，若塑料袋不符合相关标准，长期使用其包装食品，将危害自身健康。

国家明确规定，用来装入口食物的塑料袋必须是达到食品级标准的专用食品袋。我们平时在超市购物、菜市场买菜用的普通塑料袋很多都是聚氯乙烯材质的，一旦温度较高或存放时间过长，特别是接触到油脂性食品时，有毒有害物质便会渗透、转移到食品中，对人体健康危害极大。尤其是那些黑、红、蓝等深色的塑料袋，都是用回收的废旧塑料袋重新加工而成，对人体的危害则更大。塑料袋和一次性塑料餐具在使用后被抛弃在环境中，对景观和环境造成很大破坏。此外，普通塑料袋的自然降解时间在 200 年以上，会给环境造成极大的污染。

## 38 为什么要提倡自带餐具、减少一次性木筷的使用？

我国森林资源十分短缺。据有关机构调查，目前国内有上千家企业生产木质筷子，年消耗森林资源近 500 万立方米。全国林木年采伐量约 4 758 万立方米，这其中筷子就占了 10.5%。在生产筷子的过程中，从圆木到木块再到成品，木材的有效利用率仅有 60%。全国平均每天生产一次性木质筷子要消耗森林 100 多亩，一年下来总计 3.6 万亩。

## 39 少买不必要的衣服，与节能减排有什么关系？

服装在生产、加工和运输过程中，要消耗大量的能源，同时产生废气、废水等污染物。在保证生活需要的前提下，每人每年少买一件不必要的衣服就可节能约 2.5 千克标准煤，相应减排二氧化碳 6.4 千克。如果全国每年有 2 500 万人做到这一点，就可以节约约 6.25 万吨标准煤，减排二氧化碳 16 万吨。

## 40 为什么要提倡光盘行动？

一项名为《全球粮食损失和浪费》的调查显示，每年浪费的食品约占食品总量的 1/3。每年不仅有数百万人死于饥饿和其他相关原因，同时，食品生产和包装环节使用的水、肥料、土壤等各种能源资源也面临着极大的浪费，更不必说在食品生产和动物饲料生产环节中导致的温室气体过量排放给环境带来的污染。在我国，杜绝食物浪费现象同样受到越来越多的关注。中国社会科学院发布的一份报告显示，平均每年约有 1 800 万吨食物被倒掉，而这些食物足以解决约 4 000 万人的吃饭问题。

## 41 如何吃自助餐可以减少浪费?

（1）挑特色去吃。

选择自助餐厅前，可以先在网上搜索餐厅的特色，是烧烤、海鲜、还是比萨？定下餐厅后主要吃自助餐厅的特色食品，一是能够让自己充足享受餐厅的特色美食，二是可以避免过多的浪费。

（2）合理用餐。

正确的用餐顺序应该是：汤、蔬菜、面食、鱼虾、肉禽，最后吃水果。先吃容易消化的汤、菜、饭；然后是高蛋白的鱼虾禽肉，最好选择白灼、清蒸等做法；最后可选些味酸的水果，帮助消化的同时还可清除口腔异味。

（3）勤拿少取。

进场后看到琳琅满目的食材别急着选菜，先察看一遍，做到心中有数。第一次取菜的时候，每样都少拿一点儿，尝过味道后再选自己喜欢的，一来避免浪费，二来可以尝到更多的菜品。自助餐厅一般都会张贴宣传资料，告知大家不要浪费，“谁知盘中餐，粒粒皆辛苦”。

## 42 简单又实用的生活废旧物利用小妙招有哪些？

（1）用废牙刷制挂衣钩。将牙刷头部置于1杯开水中，待其软化后，迅速用手将牙刷柄弯成钩（冷却变硬后再松手），然后钉在适当的位置，就可成挂衣钩了。

（2）用过期牛奶去除衣服上的果汁渍。在果汁渍处涂过期牛奶，1小时后，用清水洗净即可。

（3）用旧长筒袜做靠垫。将穿破的长筒袜筒部剪下，然后将一个个袜筒接缝起来，里面塞满棉花或剪碎的海绵，盘卷成圆盘状，用针线缝好，上面再加一些小装饰，就成了美观实用的靠垫。

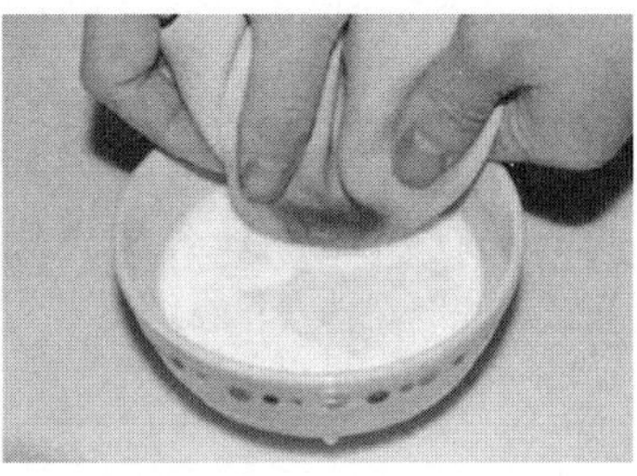

## 43 如何做到低碳消费？

（1）控制不必要的开销。有些开销是不必要的，但却是不可避免的，如兴趣爱好的消费，约会、聚会的消费等。但是要适度，把握好分寸。

（2）设定信用额度。现在各大银行的信用卡、“花呗”、“京东白条”等，极大地方便了我们的生活，给了我们信用额度，可以提前消费。但是，其本质目的，还是鼓励多消费，我们自己要控制好，不要沦为信用花费的“奴隶”。

（3）养成记账的习惯。现在记账也不需要本子和笔，有好多手机记账软件，使用起来很方便。而且常用的支付软件，也有账单，都可以参考。

（4）有计划地消费。每个月或者每个季度初把未来一段时间的可能消费罗列出来，然后进行一个大致的计划。

（5）规定专门消费账户。现在大多数人都有好几张银行储蓄卡，还有一些互联网理财账户，可以规定某个账户是专门用来消费的。

（6）提高节约的消费意识。要想从源头上解决过度消费的问题，那就只有从思想上下功夫。树立节约的意识，养成不铺张浪费的习惯。